BEI GRIN MACHT SICH IHR WISSEN BEZAHLT

- Wir veröffentlichen Ihre Hausarbeit, Bachelor- und Masterarbeit

- Ihr eigenes eBook und Buch - weltweit in allen wichtigen Shops

- Verdienen Sie an jedem Verkauf

Jetzt bei www.GRIN.com hochladen und kostenlos publizieren

Bibliografische Information der Deutschen Nationalbibliothek:

Die Deutsche Bibliothek verzeichnet diese Publikation in der Deutschen National-
bibliografie; detaillierte bibliografische Daten sind im Internet über http://dnb.d-
nb.de/ abrufbar.

Impressum:

Copyright © 2006 GRIN Verlag, Open Publishing GmbH
Druck und Bindung: Books on Demand GmbH, Norderstedt Germany
ISBN: 9783640528189

Dieses Buch bei GRIN:

http://www.grin.com/de/e-book/143527/wintersport-in-den-alpen-geschichte-und-
oekologische-folgen-des-tourismus

Benedikt Breitenbach

Wintersport in den Alpen. Geschichte und ökologische Folgen des Tourismus

GRIN Verlag

Johannes Gutenberg-Universität Mainz

Geographisches Institut

Deutschland Exkursion Bayrische - Schwäbische Alb

Thema: Wintersport

Abgabetermin: 27.04.2006

Wintersport

Inhaltsverzeichnis

1 Einleitung

Der Wintersport bezeichnet betriebene Sportarten auf Schnee und Eis. Die wichtigsten Wintersportarten sind Teil der Olympischen Winterspiele. Zu den Schneesportarten zählen:

- Skifahren
- Nordische Kombination
- Schnowboarden
- Monoski
- Rodeln
- Schlittenhunderennen
- Reifenrodeln
- Snowscoot

Eissportarten sind z. B.:

- Bobfahren
- Curling
- Eishockey
- Eisschnelllauf
- Eiskunstlauf
- Skelleton
- Eisklettern
- Eissegeln

Da der Skisport aus der Sicht der Umwelt in erster Linie als Massenphänomen problematisch ist, wird im folgenden ausschließlich nur der Ski-Freizeitsport betrachtet.

2   Geschichte

Vor 100 Jahren waren Skier in den Alpen nahezu undenkbar. In anderen Regionen der Welt ist das Skifahren schon lange bezeugt. 4.500 Jahre alt ist die älteste bekannte Abbildung eines Skiläufers, eine Felszeichnung von der Norwegischen Insel Rödöy.

Aus der Notwendigkeit, sich per Ski über die tief verschneite Landschaft fortzubewegen, entwickelt sich im 19. Jahrhundert in Telemark ein neuer Sport, der bald die ganze Welt erobern sollte. Pionier ist der Webstuhlmacher Sondre Norheim aus der Gemeinde Morgedal/Norwegen. (Schwarz auf Weiß 1997)

In Deutschland des 19. Jahrhunderts wagen sich nur wenige an den neuen Sport aus Skandinavien. In den Alpen lassen sich die Skifahrer nur vereinzelt Blicken. Durch die Erfindung des Österreichers Mathias Zdarsky wächst die Anhängerschaft am Skisport. Er kürzt die Skier und entwickelt eine Stahlsohlenbindung, die nun auch seitlichen Halt gibt. Damit wird eine neue Kurventechnik möglich, die besser geeignet ist für das alpine Gelände: der Stemmbogen.

Bei den ersten olympischen Winterspielen 1924 ist Skilauf noch rein nordisch, mit den Disziplinen Springen, Langlauf und Nordische Kombination. Im Jahr 1936, bei den olympischen Winterspielen in Garmisch, wird dann auch der alpine Skilauf olympische Disziplin. Zu dieser Zeit werden in den Alpen die ersten Lifte gebaut.

Mit der Ruhe in den Alpen ist es in den Jahren nach dem zweiten Weltkrieg vorbei. Immer mehr Menschen strömen nun im Winter in die Berge. Aus dem Freizeitvergnügen wird ein Massensport. Wintersportorte entstehen und ganze Regionen leben vom Wintersporttourismus.

3   *Die Alpen als Wintersportgebiet*

Die Alpen sind das bedeutendste Gebirge Europa, welches sich über sieben Staaten erstreckt. In den an die Alpen angrenzenden Staaten gibt es inzwischen rund 20 Mio. Skisportler. Natürlicher Lebensraum für eine Vielfalt an Leben, ein Naturparadies, aber auch Wirtschaftsgrundlage für den Großteil der dort lebenden Bevölkerung. Eine Region, die von ihren natürlichen Ressourcen lebt und auf sie angewiesen ist. (Motivschmiede o. J.)

Mehr als 100 Mio. Gäste reisen jedes Jahr in die Alpen, bei insgesamt rund 370 Mio. Übernachtungen. Von besonderer Bedeutung ist dabei der Wintertourismus.

Seit den 60er Jahren hat der alpine Wintersport eine überragende Stellung in den Alpen erlangt. Die Pistenfläche beträgt 1.040 km². Hinzukommen Erschließungsanlagen und Aufstiegshilfen, mit 3.440 km² Skigebietsfläche. In den Alpen existieren insgesamt ca. 13.000 Seilbahnen und 40.000 Skiabfahrten, mit einer Länge von ca. 120.000 km. Das Alpengebirge weißt die höchste Dichte an Wintersportinfrastruktur in der Welt auf. (Universität Tübingen 2004) Abb. 1:

4   *Tourismus in den Alpen*

Der Skitourismus verursacht ein hohes Verkehrsaufkommen, das auf Zubringerstrassen zu den bekannten langen Autokolonnen, insbesondere an Wochenenden führt. Folgend entstehen Schadstoff- und Lärmemissionen. (Universität Tübingen 2004)

Skisport stellt für die Alpen eine unverzichtbare Erwerbsgrundlage dar, und sollte daher auch nicht in Frage gestellt werden. Seit Jahren wird befürchtet, „dass der Tourismus seine eigene Grundlage zerstört, indem er Umweltqualitäten wie Ruhe, frische Luft, sauberes Wasser, naturnahe, unzerstörte Landschaft immer mehr verbraucht und belastet." (SCHEMEL, H.-J. und W. ERBGUTH 1992: S. 372) Dem Tourismus müssen Grenzen gesetzt werden.

Für viele Alpengemeinden ist der Tourismus die einzige Einnahmequelle geworden. In Garmisch Partenkirchen hängen etwa 80 Prozent der Arbeitsplätze vom Tourismus ab. (BAYRISCHER RUNDFUNK 2006)

Der Massentourismus der letzten 30 Jahre hat die Alpen vollkommen verändert. Aus dem landwirtschaftlich geprägten Raum entsteht ein Dienstleistungszentrum, aus Bauern werden Angestellte. (TEMME 2005)

Umweltschützer und auch viele Einheimische bemängeln jedoch inzwischen immer öfter die Schäden, die der Massentourismus in den Alpen hervorruft und weisen immer häufiger auf die Grenzen der touristischen Nutzung der Alpen hin. Immer mehr Verkehrswege werden durch die Alpen gebaut. Hinzu kommt das immer stärker in Erscheinung tretende Müllproblem. Der weitere Ausbau der touristischen Infrastrukturen stößt bereits in vielen Alpentälern an seine Grenzen. Der Massentourismus umfasst nur einzelne Regionen der Alpen.

5   *Ökologische Schäden durch Wintersport*

Der Wintersport als Massentourismus hat unausweichlich Belastungen des Ökosystems zur Folge. Einflussfaktoren sind z. B.:

- Pistenerstellung

- Pistenpräparierung

- Pistenuntzung

- Künstliche Beschneiung (Schneekanonen)

- Baumrodung

- Geländekorrekturen (z. B. Sprengung von Felsbrocken)

- Flächenhafter Kahlhieb im Bergwald

Großräumige Gletscherskigebiete werden erschlossen, um aus einer relativ kurzen Wintersaison eine Ganzjahres-Saison zu machen. Der Gletscherskilauf verursascht nachhaltige Umweltprobleme. Den Gletscher sind wichtige Trinkwasserspeicher, wie z. B. die Alpengletscher für Mitteleuropa. (SCHEMEL, H.-J. und W. ERBGUTH 1992: S.359-361) Abb. 2:

Der Individualverkehr verursacht eine zunehmende Belastung für die Umwelt. Den die Alpen sind durch eine besondere „ökologische Sensibilität gekennzeichnet" (SCHEMEL, H.-J. und W. ERBGUTH 1992: S. 361)

Neben der Waldrodung ist die Geländekorrektur, der gravierenste Eingriff in die Natur. Beim Ausbau der Pisten wird die Schutzfunkton von Boden und Vegetation beinträchtigt. Das Wasserspeicherungsvermögen wird hierbei gemindert. Ebenso wird die Lebensraumfunktion der ursprünglichen Fläche mit Blick auf die Vielfalt der ökologischen Nischen beeinträchtigt. (SCHEMEL, H.-J. und W. ERBGUTH 1992: S. 361-362) Geländekorrekturen sind verantwortlich für das Verschwinden von seltener und hochspezialisierter Arten. (Naturschutz heute 2001)

Menschliche Einflüsse auf Humusauflage und Vegetationsdecke führen zu „schleichenden Erosionsvorgängen verschiedenster Art, als auch zu Mur- und Wildbachkatastrophen". (SCHEMEL, H.-J. und W. ERBGUTH 1992: S. 362) Die Funktionen der Wasserspeicherung, welche bei Starkniederschlägen den

Oberflächenabflusses bremst, und der Erosionsschutz, welcher die Bodenabspülung verhindert, sind unter antropogenen Einfluss für die oben genannten Katastrophen verantwortlich. Die Skipistenplanierung und die damit verbundene Bodenveränderung, führt zu Verlusten der Wasserspeicherfähigkeit des Bodens. (SCHEMEL, H.-J. und W. ERBGUTH 1992: S. 362-363)

Der Eingriff in den Lebensraum von Pflanzen und Tieren beienflussen in starken Masse die natürliche Vegetation, die Bodenverdichtung, den Wasserhaushalt und die Bodenerosion. Der Einsatz von schweren Pistenwalzen kann die Abtauperiode durch Schneeverdichtung verlängern und die Verkürzung der Vegetationszeit zur Folge haben. Pflanzen brechen unter der Schneedecke ab, ersticken oder verschimmeln. Der Einsatz chemischer Schneebindemittel belastet in der Tauperiode Boden, Pflanzen und Grundwasser. Bei zu geringer Schneehöhe schädigen Pistenwalzen, sowie Skifahrer Boden und Pflanzen. (NUA 2002)

Inzwischen wird immer öfters der Naturschnee als Ergänzung zum Kunstschnee gesehen und nicht umgekehrt. Ein Problem der Schneekanonen ist der hohe Energie- und Wasserverbrauch. Der Wasserbedarf, der dem Verbrauch in den Alpen einer Millionenstadt entspricht, wird oft aus Gebirgsbächen gedeckt. Dieses Wasser wird Lebewesen aus Bächen entnommen. (VISTA VERDE 2005) „Darüber hinaus ist Kunstschnee sehr viel dichter als natürlicher Schnee, durch den geringeren Anteil an Luftporen werden sowohl die isolierende Wirkung der Schneedecke als auch die Sauerstoffzufuhr für darunter liegende Pflanzen stark reduziert." (Naturschutz heute 2001) Abb. 3:

5.1   Klimawandel in den Alpen

In den kommenden Jahrzehnten wird die Hälfte aller Skiorte in den Alpen ihre Schneesicherheit verlieren. Demnach könnte aufgrund der Klimaerwärmung die Grenze der Schneesicherheit von derzeit gut 1200 Metern auf 1600 bis 2000 Meter in den nächsten 30 bis 50 Jahren klettern. Skigebiete in solchen Regionen sind unwirtschaftlich. Schon heute ist die Null-Grad-Grenze im Vergleich zum Jahr 1900 um etwa 250 Meter in die Höhe gestiegen. Nur eine intakte Umwelt ermöglicht auf Dauer eine positive Entwicklung des Tourismus in den Alpen.

Die Wintersportmetropolen reagieren auf den ausbleibenden Schnee, indem sie Seilbahnen und Lifte in immer größere Höhen hinauf treiben, neuerdings auch wieder in Gletschergebiete, die lange Zeit streng geschützte Rückzugsareale für Tiere und Pflanzen waren. (VISTA VERDE 2005)

Schneekanonen ermöglichen in den Monaten November bis Ende März, dass Kunstschnee für gute Pisten sorgt. Inzwischen wird immer öfters der Naturschnee als Ergänzung zum Kunstschnee gesehen und nicht umgekehrt. Motive hierfür sind:

- Sicherung des Tourismus

- Sicherung der Einkommen von Seilbahngesellschafften

- Sicherung des Images (z.B. Schneesicherer Wintersportort)

Mittlerweile sind in der Schweiz sechs Prozent, in Italien 20 Prozent und in Österreich ein Drittel aller Skipisten mit Schneekanonen ausgestattet. Die Tendenz ist steigend. Auch in Bayern bestimmt immer seltener echter Schnee den Beginn der Skisaison. „Die Fahrt ins Tal müsste dann per Seilbahn oder durch künstlich beschneite Abfahrten sichergestellt werden. Der Einsatz von Beschneiungsanlagen erweist sich jedoch als kontraproduktiv, da die Kunstschneeproduktion einen massiven Umwelteingriff darstellt und auch einen hohen Energieverbrauch mit sich bringt, der wiederum Emissionen verursacht." (GREENPEACE 2006)

Bis zum Jahr 2100 soll die durchschnittliche Temperatur um 1,4 bis 5,8 Grad steigen, falls keine deutliche Senkung des Ausstoßes von Treibhausgasen wie Kohlendioxid erreicht werden sollte. Wissenschaftler rechnen mit einer dauerhaften Veränderung des Wetters auch in Mitteleuropa. Die Hauptniederschläge sollen sich im Winterhalbjahr auf die Monate Februar und März verschieben, die Sommer sollen in Zukunft heißer und trockener werden. Insgesamt werden die Wetterverhältnisse extremer.

Deutschland und Österreich sind demnach betroffen, weil viele Wintersportorte relativ tief liegen. Die Skigebiete im Schwarzwald und im Allgäu sind demnach besonders gefährdet. In der Schweiz könnte jeder zweite Wintersportort die Folgen der Klimaerwärmung zu spüren bekommen. (Deutscher Sportbund 2004)

6   *Lösungsansätze*

Zur Vermeidung und Minderung von Sportbedingten Umweltbelastungen muss beachtet werden, „dass das Gelände nicht dem Skisport, sondern umgekehrt der Skisport dem natürlichen Gelände anzupassen ist." (SCHEMEL, H.-J. und W. ERBGUTH 1992: S.365)

Statt für viel Geld mit Schneekanonen die Folgen des Klimawandels für kurze Zeit aufzuschieben, sollte man ein Konzept für die Tourismusregionen, insbesondere für die Alpen, erarbeiten. Anstatt mit dem Auto in den Skiurlaub zu fahren, sollte auf öffentliche Verkehrsmittel umgestiegen werden. Noch 70 Prozent aller Urlauber reisen mit dem Auto an. Folglich muss die Gemeinde Straßen- und Parklatzinfrastrukturen errichten. Auswirkung der steigenden Umweltverschmutzung ist die Gletscherschmelze. Die Alpengletscher haben in den letzten Jahrzehnten bis zu 30 Prozent ihrer Fläche und über 50 Prozent ihres Volumens verloren. (VERKEHRSCLUB DEUTSCHLAND 2005)

Die Erschließung neuer Skigebiete aus ökologischer Sicht soll vermieden werden. Bereits vorhandene Pisten sollten in einen naturnahen Zustand zurückgeführt werden. (Naturschutz heute 2001) Ebenso sollten Pisten bei unzureichender natürlicher Schneemenge geschlossen werden. „Hierbei sind die Liftbetreiber, die Gemeinden und die zuständigen Aufsichtsbehörden gefragt, die dafür sorgen müssen, dass der Liftbetrieb bei Schneemangel geschlossen wird." (SCHEMEL, H.-J. und W. ERBGUTH 1992: S.369) Damit wird die Vegeationsdecke der Pisten vor Übernutzung geschont werden. (SCHEMEL, H.-J. und W. ERBGUTH 1992: S.369)

7　　Fazit

Vorraussetzung für den nachhaltigen Skibetrieb ist, dass sich Liftbetreiber und Gemeinden sich den ökologischen Problemen stellt. Es darf nicht nur das Kommerzielle in betracht gezogen werden. Ebenso ist der Skifahrer angewiesen, umweltbewusst zu handeln, d.h. z.B. mit öffentlichen Verkehrsmitteln anzureisen. Wenn jeder seinen Teil dazu beiträgt, kann das Schneevergnügen noch für längere Zeit anhalten.

8   Literaturverzeichnis

Bayrischer Rundfunk (2006): Wintersport: Natur contra Kommerz. Internet: http://www.br-online.de/umwelt-gesundheit/thema/alpen_ski/index.xml (10.04.2006).

Greenpeace (2006): Wintersport ade?. Internet: http://www.greenpeace.at/344.html (11.04.2006).

SCHEMEL, H.-J.und W. ERBGUTH (1992): Handbuch Sport und Umwelt. Aachen.

TEMME, G. (2005): Tourismuslandschaften. Tourismus in den Alpen. Internet: http://www.emmet.de/g_a_tou.htm (11.04.2006).

Verkehrsclub Deutschland (2005): Ökonomie und Ökologie gehen in den Alpen Hand in Hand. Internet: http://www.vcd-bayern.de/presse/pm200531.html (10.04.2006).

Vista Verde (2005): Künstliches Weiß aus Schneekanonen schadet der Bergwelt. Internet: http://www.vistaverde.de/news/Wissenschaft/0511/23_kunstschnee.php (11.04.2006).

Naturschutz heute (2001): Ski und Rodel Gut?. Internet: http://www.nabu.de/nh/101/ski101.htm (10.04.2006).

Schwarz auf Weiß (1997): Norwegen: Wintersport. Internet: http://www.schwarzaufweiss.de/norwegen/wiegedesskisports.htm (9.04.2206).

Motivschmiede (o.J.): Alpen. Internet: http://www.motivschmiede.de/html/vorschau_alpen__i_.html (9.04.2006).

Universität Tübingen (2004): Ökologische Auswirkungen des Wintertourismus in den Alpen. Internet: http://www.uni-tuebingen.de/egginfo/terhorst/dateien/beispielreferat.pdf (9.04.2006).

NUA (2002): Wintersport und Naturschutz. Internet: http://www.nua.nrw.de/oeffentl/publikat/pdfs/naturtipp/naturtipp_02.pdf (10.04.2006).

Deutscher Sportbund (2004): Sport schützt Umwelt. Internet: http://www.dsb.de/fileadmin/fm-dsb/arbeitsfelder/umwelt-sportstaetten/Informationsdienst/Nr_72.pdf (10.04.2006).

Anhang

Liftbetrieb: Abb. 1:

Quelle: http://webswk19.bon.at/b287601193/winter.html

Skifahren am Dachstein Gletscher: Abb. 2:

Quelle: http://www.filzmoos.at/w-filzmoos-skipass.html

Beschneiung am Hirschenkogel Niederösterreich bei +1°C 83%LF: Abb. 3:

Quelle: http://www.schneekanonen.at/

BEI GRIN MACHT SICH IHR WISSEN BEZAHLT

- Wir veröffentlichen Ihre Hausarbeit, Bachelor- und Masterarbeit

- Ihr eigenes eBook und Buch - weltweit in allen wichtigen Shops

- Verdienen Sie an jedem Verkauf

Jetzt bei www.GRIN.com hochladen und kostenlos publizieren